LABORATOIRE AGRICOLE DE L'ÉTAT A ANVERS

RAPPORT

ADRESSÉ

A LA COMMISSION ADMINISTRATIVE

SUR LES TRAVAUX DE 1885.

(Extrait du *Bulletin de l'Agriculture.* — Année 1886, pages 582 à 588.)

RAPPORT

ADRESSÉ

A LA COMMISSION ADMINISTRATIVE

SUR LES TRAVAUX DE 1885

PAR

CRISPO

Directeur du laboratoire agricole de l'État à Anvers

BRUXELLES

P. WEISSENBRUCH, IMPRIMEUR DU ROI

ÉDITEUR

45, rue du Poinçon, 45

1886

RAPPORT

ADRESSÉ A LA COMMISSION ADMINISTRATIVE SUR LES TRAVAUX DE 1885

PAR CRISPO,
Directeur du laboratoire agricole de l'État à Anvers

Monsieur le Président,

Le laboratoire agricole d'Anvers n'ayant été ouvert au public que le 5 octobre dernier, l'exercice 1885 ne comprend qu'un trimestre, pendant lequel nous avons analysé 120 échantillons se partageant comme suit :

Phosphate.	42
Superphosphate	11
Sulfate d'ammoniaque	3
Nitrate	1
Sels potassiques	1
Engrais composés	13
Guano.	2
Tourteaux et autres matières alimentaires	10
Déchets de laine	2
Betteraves	30
Beurre	1
Eau	1
Vinaigre	1
Terre arable.	2
Total.	120

Parmi ces échantillons, 16 provenaient des champs d'expériences institués par le gouvernement, et 104 ont été envoyés par l'agriculture et le commerce. Ajoutons à cela 14 consultations écrites sur des questions de chimie agricole, d'agriculture et d'hygiène publique.

Les analyses de contrôle n'ont donné lieu à aucune contestation.

Phosphates. — Le titre moyen des phosphates riches de Mons a été de 26.5, avec un maximum de 28.67 p. c. et un minimum de 24.16 p. c. Le titre moyen de ces phosphates, qui était auparavant de 28.5, a baissé de près de 2 unités. A cause de cet appauvrissement, l'extracteur de phosphate, pour maintenir sa clientèle, a porté la pioche dans les prolongements français de la craie grise, où ses recherches semblent devoir aboutir à un succès inespéré. On aurait trouvé des gisements dont le titre en acide phosphorique dépasse 30 p. c. L'une des analyses de phosphates a fait constater une importante découverte, tant au point de vue géologique qu'au point de vue agricole. M. F., négociant à Anvers, nous a transmis un phosphate naturel, provenant de ... (¹), dont la faible teneur en chaux, comparativement à l'acide phosphorique, me fit soupçonner la présence du phosphate bicalcique dit « assimilable ». L'analyse a confirmé mes prévisions, et je crois avoir été le premier à annoncer au négociant sa précieuse trouvaille. Voici cette analyse :

Humidité.	3.25
Matières organiques.	7.40
Acide phosphorique anhydre	39.42
Id. sulfurique.	5.23
Id. carbonique	0.63
Chaux.	33.90
Magnésie (traces).	—
Peroxyde de fer et alumine.	1.93
Insoluble	8.68
Total.	100.44

Si l'acide phosphorique s'était trouvé à l'état de phosphate tricalcique, il aurait fallu 46.63 p. c. de chaux ; comme phosphate bicalcique, il n'aurait fallu que 31.09 de chaux. Il était de toute évidence que l'acide phosphorique devait se trouver en grande partie sous forme de phosphate bicalcique. Nous y avons dosé 21.25 p. c. d'acide phosphorique soluble dans le citrate d'ammoniaque.

Des analyses du même échantillon, faites à la même époque par MM. Oscar Pieper, de Hambourg, et Vœlcker, de Londres, ne mentionnent pas la présence de l'acide phosphorique soluble dans le citrate d'ammoniaque ou assimilable.

L'histoire naturelle des phosphates vient de s'enrichir, par mon analyse, d'un fait inattendu et presque inexplicable, qui deviendra le point de départ de nouvelles entreprises commerciales.

Superphosphates. — L'abondance des phosphates a fait tomber à 45 centimes le prix de l'unité d'acide phosphorique soluble dans l'eau et le citrate d'ammoniaque.

Quand on pense qu'il y a des pays en Europe où l'unité d'acide phosphorique

(¹) Le monopole commercial auquel ledit négociant peut avoir droit nous oblige à la plus grande réserve sur la provenance de ce phosphate.

soluble vaut encore 1 franc à 1 fr. 10 c., et que le nitrate de soude est tombé à moitié prix, on est forcé de reconnaître qu'un des facteurs de la production agricole est très favorable au fermier belge et doit contribuer à neutraliser les mauvais effets de la concurrence et de l'avilissement du prix des denrées agricoles. Dans une de ses conférences, M. Georges Ville disait : « Quand le prix de l'azote ne sera que de 50 centimes le kilogramme, le problème de la production du pain à bon marché sera résolu. » Il ne faut pas désespérer de voir arriver cet heureux moment.

Sulfate d'ammoniaque. — Depuis que le bas prix du sulfate d'ammoniaque le fait rechercher par les cultivateurs, les vigilants falsificateurs le mélangent avec du sel commun. Il est aisé au praticien de reconnaître cette fraude : il suffit de mettre une petite pincée de la matière sur une tôle propre et de l'exposer au feu ; si le sulfate est pur, il se volatilise entièrement ; s'il contient du sel, il laisse un résidu jaune entièrement soluble dans l'eau, formé de sulfate de soude.

Engrais composés. — Quelques engrais composés contenaient des scories Thomas, qui sont la nouveauté du jour. Il nous semble que c'est agir en dépit du bon sens que de fabriquer de l'engrais avec ces scories [1], et nous est avis que pour que le succès de cet engrais puisse s'affirmer, il faudra l'employer à part. Les scories Thomas contiennent du fer et du manganèse au minimum d'oxydation qui, pour ne pas être nuisibles aux plantes, doivent être oxydés avant d'être donnés en fumure. On doit donc répandre les scories sur le sol longtemps avant les labours et les semailles pour qu'elles puissent subir suffisamment l'action bonifiante de l'air. Il est aussi bon d'en répandre beaucoup à la fois pour constituer une réserve d'acide phosphorique. D'autre part, on a tout intérêt à ce que les autres constituants des engrais qui sont immédiatement solubles ne soient donnés au sol qu'au moment opportun pour que les plantes puissent en profiter. Une de ces matières premières, le sulfate d'ammoniaque, ne peut être mélangée aux scories sans perte d'azote. Il est donc plus raisonnable de ne pas transformer les scories en engrais, mais de les employer séparément, le plus tôt possible et en forte quantité.

A part cette réserve, nous avons conseillé d'essayer les scories, en dissipant les vaines craintes sur l'action stérilisante du fer qu'elles contiennent. Une quantité modérée d'oxyde de fer est très favorable à l'entretien de la fertilité et ne nuit pas aux cultures, contrairement à des opinions basées sur des faits mal observés. Les scories n'en contiennent que 17 p. c. Or, la limagne d'Auvergne, célèbre

[1] M. Petermann, dans un de ses rapports sur les travaux de la station agricole de Gembloux, avait déjà reconnu que les scories Thomas sont impropres à la préparation d'engrais complets. (*Bull. de l'Agriculture*, t. I, p. 43.)

par sa fertilité, contient, d'après une analyse de M. P. de Gasparin, 12 p. c. de sesquioxyde de fer. Il faudrait que presque les deux tiers de la couche cultivable fussent remplacés par des scories pour que cette proportion de fer fût atteinte. Il n'y a donc rien à craindre de ce côté. Au surplus, on pourrait se demander si le fer et le manganèse des scories ne sont pas pour quelque chose dans la supériorité que, à titre égal d'acide phosphorique assimilable, elles ont montrée parfois sur les superphosphates. Depuis 1883, les fameuses expériences de Gris, Leclerc et Maître, et ensuite celles de Knop, avaient proclamé d'une façon péremptoire que le fer soluble est un *spécifique* précieux dans certaines circonstances. N'avons-nous pas vu, l'année dernière, s'élever une fabrique dans notre pays pour fournir à l'agriculture le fer et le manganèse assimilables? Certes, l'idée était hardie, peut-être même chimérique, et devait fatalement aboutir industriellement à un échec; mais il n'en reste pas moins vrai qu'en l'absence du fer la vie animale et la vie végétale sont impossibles.

Guanos. — A certain moment de l'année dernière, il s'est fait beaucoup de bruit à propos d'un instrument appelé « guano-meter ». Un agronome de la Société agricole du nord Nous pria de vérifier cet instrument. En publiant le résultat de notre contrôle, notre but n'est point d'apporter de nouvelles lumières aux savants de l'agriculture, mais bien de convaincre l'inventeur lui-même, et tous ceux qui, jaloux de ses lumières, voudraient l'imiter, que toute tentative faite dans cette voie est simplement une preuve d'ignorance et une perte de temps.

M. X., grand cultivateur et conseiller communal à Y., est certainement animé des meilleures intentions à l'égard des cultivateurs; mais en inventant le « guano-meter » et en le répandant dans les campagnes, fût-ce gratuitement, il va à l'encontre de sa bonne inspiration, et fait plus de tort que de bien. Le « guano-meter » est un aéromètre accompagné d'une instruction qui dit :

« Versez un demi-kilogramme de guano, ou n'importe quel engrais, sur 10 litres d'eau de pompe; laissez tremper et plongez-y le guano-meter breveté. Il doit indiquer pour :

1° Nitrate de soude par demi-kilog. sur 10 litres eau de pompe.				28°
2° Sulfate d'ammoniaque par	id.	id.	id.	25°
3° Engrais chimique par	id.	id.	id.	23°
4° Guano par	id.	id.	id.	21°
5° Poudre d'engrais par	id.	id.	id.	10°
6° Tourteaux colza par kilogramme	id.	id.		23°

« Le guano-meter sert aussi à faire connaître la force de toute espèce de purin, ainsi que pour déterminer la quantité de beurre du lait. Si l'instrument n'indique pas ces chiffres, c'est un signe que les engrais sont falsifiés ou de moindre valeur. »

Voici les chiffres fournis par notre vérification :

Eau de pompe	1
Nitrate de soude à 15.83 p. c. d'azote	24°5
Id. falsifié, avec 20 p. c. de sel	25°
Id. id., avec 50 p. c. id.	25°5
Sel de cuisine pur	26°5
Sulfate d'ammoniaque à 20.77 p. c. d'azote	22°
Id. falsifié avec 20 p. c. de sel	24°
Nitrate de potasse et soude à 15.36 p. c. d'azote	25°5
Engrais chimique à 3.36 p. c. d'azote, 4.84 p. c. d'acide phosphorique assimilable et 3.74 p. c. de potasse	12°
Engrais organique insoluble à 4.20 p. c. d'azote et 4.42 p. c. d'acide phosphorique	2°5
Sang desséché à 12 p. c. d'azote	4°
Guano Pabellon de Pica à 7.87 p. c. d'azote	11°5
Id. Huanillos à 5.89 p. c. d'azote	8°5
Id. Idepencia à 6.80 id.	8°
Id. Lobos d'Afuera à 6.45 id.	8°5
Id. id. Islande à 5.22 id.	7°5
Tourteaux de colza pur	17°

Ces chiffres en disent assez.

Nous prions instamment M. X., à qui ses honorables qualités de grand cultivateur et de conseiller communal ont valu un succès aussi grand qu'immérité, d'abandonner son invention.

Tourteaux. — En poursuivant notre étude sur les caractères des tourteaux alimentaires et de leurs falsifications, nous avons constaté un fait édifiant. Un tourteau de navette avait été condamné par plusieurs chimistes comme contenant de la moutarde et impropre à l'alimentation. Prié de donner mon avis à ce sujet, j'ai trouvé qu'il était pur, quoique dégageant en réalité de l'essence de moutarde, et, par conséquent, j'ai dû le considérer comme propre à l'alimentation. Pour émettre cet avis, je me fondais sur le fait que les tourteaux de navette pure n'avaient jamais été considérés comme nuisibles; au contraire, ils sont employés dans les mêmes circonstances que ceux du colza et, comme ces derniers, ils passent pour être favorables à la sécrétion du lait. M. Mathieu de Dombasle dit que les éleveurs ne font pas de différence entre ces deux espèces de résidus.

Ayant examiné les graines pures de colza, de navette et de caméline, j'ai constaté que toutes contiennent normalement de l'essence de moutarde en quantité plus ou moins prononcée, et pourtant ni la navette, ni le colza, ni la caméline ne sont considérés par les éleveurs comme nuisibles au bétail. Il y a peut-être des différences suivant la provenance et la maturité des graines, différences que je m'applique en ce moment à étudier, mais il reste définitivement acquis pour la pratique que l'essence de moutarde est un attribut naturel et nécessaire des crucifères, et que les chimistes qui se bornent à faire l'essai de l'essence, sans examiner la graine au microscope, s'exposent, les trois quarts du temps, à considérer comme contenant de la moutarde des tourteaux absolument purs. C'est se tromper du tout au tout. Mais si de la graine nous passons au tourteau, il peut très bien se faire que celui-ci ne dégage plus d'essence de moutarde. Cela arrive lorsqu'il a été préparé par des procédés qui déterminent le dégagement de l'essence pendant le cours des différentes opérations industrielles. C'est grâce à cette circonstance qu'il peut y avoir des tourteaux de crucifères épuisés d'essence, à la suite de leur mode de préparation, qui a trompé longtemps les chimistes, et les a machinalement portés à admettre l'existence de tourteaux purs et de tourteaux contenant de la graine de moutarde. Sans m'étendre dans ce simple rapport sur la teneur en essence que j'ai constatée dans diverses graines et tourteaux, ni sur la méthode que j'emploie pour cette détermination, choses qui trouveront leur place dans un mémoire spécial, je me contenterai d'indiquer les expériences à faire pour que la question soit résolue définitivement au point de vue pratique : il importe de déterminer, par des expériences d'alimentation, dans quelles proportions l'essence de moutarde commence à nuire d'une façon quelconque (troubles gastriques, avortements, etc.) à la santé des animaux. Quand la pratique sera fixée sur ce point, il appartiendra au chimiste de déterminer dans chaque échantillon de tourteaux la proportion d'essence encore existante, pour faire éloigner de l'alimentation ceux seulement qui en contiendront une assez forte proportion pour devenir dangereux.

En attendant, pour éviter des contestations entre chimistes et fabricants et des contradictions des chimistes entre eux, il me semble que la conduite la plus correcte est celle-ci : Ne condamner que les tourteaux dans lesquels le microscope aura décelé la présence de la graine de moutarde, et admettre tous ceux qui n'en contiennent pas, même quand ils dégagent de l'essence ([1]).

Il est d'autant plus intéressant de résoudre pratiquement cette question que l'affirmation de feu M. Lejeune, concernant l'action de la moutarde sur les vaches pleines, a été contestée depuis. D'après le professeur Richter de Königsberg, des tourteaux de colza contenant 2.1 p. c. de graine de moutarde n'ont

---

[1] Dans leur réunion annuelle du 25 juin 1884, les directeurs des station et laboratoires agricoles de l'État se sont mis d'accord sur ce point. (V. *Bulletin de l'Agriculture*, t. I, p. 80.)

pas provoqué l'avortement. Administrée à des génisses, à la dose de 45 à 135 grammes, la graine de moutarde n'a donné lieu à aucun dérangement. Le professeur Richter a fini par admettre que, à petite dose, la graine de moutarde est un condiment favorable à la digestion. La contradiction entre les deux observateurs n'est probablement qu'apparente et tient sans doute à la dose différente d'essence de moutarde ingérée; car il ne peut y avoir de doute pour personne que l'essence de moutarde, qui est un vésicatoire, doive à certaine dose déterminer des troubles gastriques et aussi l'avortement.

Terres arables. — Je terminerai cette rapide et incomplète revue de mes travaux en donnant les résultats de deux analyses d'échantillons de terre provenant de Contich et qui peuvent être considérés comme le type du sol de cette région.

		Sol.	Sous-sol.
Eau totale . . . . Pour cent .		22.67	24.56

Dosage sur la terre séchée à 125° :

		Sol.	Sous-sol.
Acide phosphorique total soluble dans les acides. Pour mille.		1.75	0.91
Chaux totale.	id.	1.36	1.07
Potasse	id.	2.55	1.72
Matière noire (Grandeau)	id.	9.00	4.15
Contenant cendres	id.	2.85	1.30
Acide phosphorique combiné à la matière noire ou assimilable	id.	0.67	0.20

www.ingramcontent.com/pod-product-compliance
Lightning Source LLC
LaVergne TN
LVHW050438060726
842526LV00007B/2661